Marco Husinsky

Differentialgleichungen 1. Ordnung. Einführung, Lösung and Anwendungen

GRIN Verlag

Bibliografische Information der Deutschen Nationalbibliothek:

Die Deutsche Bibliothek verzeichnet diese Publikation in der Deutschen National-
bibliografie; detaillierte bibliografische Daten sind im Internet über http://dnb.d-
nb.de/ abrufbar.

Impressum:

Copyright © 2010 GRIN Verlag GmbH
Druck und Bindung: Books on Demand GmbH, Norderstedt Germany
ISBN: 978-3-656-54548-4

Dieses Buch bei GRIN:

http://www.grin.com/de/e-book/264653/differentialgleichungen-1-ordnung-ein-
fuehrung-loesung-and-anwendungen

GRIN - Your knowledge has value

Der GRIN Verlag publiziert seit 1998 wissenschaftliche Arbeiten von Studenten, Hochschullehrern und anderen Akademikern als eBook und gedrucktes Buch. Die Verlagswebsite www.grin.com ist die ideale Plattform zur Veröffentlichung von Hausarbeiten, Abschlussarbeiten, wissenschaftlichen Aufsätzen, Dissertationen und Fachbüchern.

Besuchen Sie uns im Internet:

http://www.grin.com/

http://www.facebook.com/grincom

http://www.twitter.com/grin_com

FACHARBEIT

aus dem Fach

Mathematik

Thema: **Differentialgleichungen 1. Ordnung**

Inhaltsverzeichnis

1. Einführung

1.1 Auswahl des Themas

„Wie verstanden die Alten das Naturgesetz? Für sie war es eine innere Harmonie, sozusagen statisch und unveränderlich; oder es war ein Idealbild, dem nachzustreben die Natur sich bemühte. Für uns hat ein Gesetz nicht mehr diese Bedeutung; es ist eine unveränderliche Beziehung zwischen der Erscheinung von heute und der von morgen; mit einem Wort: es ist eine Differentialgleichung."

Henri Poincaré – „Der Wert der Wissenschaft"

Jules Henri Poincaré, einer der bedeutendsten Naturwissenschaftler der Moderne, nimmt mit diesem Zitat schon beinahe die grundlegendste Aussage dieser Facharbeit vorweg. Eine Differentialgleichung - für Poincaré ist sie *"eine unveränderliche Beziehung zwischen der Erscheinung von heute und der von morgen"* - ermöglicht es, die komplexesten Vorgänge, sei es in der Physik, in der Biologie oder auch in der Wirtschaft, zu erfassen und so genauer zu verstehen.

Obwohl das Gebiet der Differentialgleichungen eines der wahrscheinlich wichtigsten und mächtigsten Instrumente der Naturwissenschaften ist, wird ihre Lehre im Lehrplan an bayrischen Schulen kaum berücksichtigt. Aus diesem Grund kam ich zu dem Entschluss, mich tiefer mit dem Thema zu beschäftigen und schlussendlich die hier vorliegende Facharbeit anzufertigen.

1.2 Inhalt und Schwerpunktsetzung

Selbstverständlich kann ein Werkzeug, das der Wissenschaft so viele Türen öffnet, in einer Facharbeit nicht vollständig erschlossen werden. Hierfür bräuchte es ein Studium mit mathematischem Schwerpunkt, dennoch bietet diese Facharbeit einen Einstieg in die Tiefen dieser Thematik. Die folgenden Seiten definieren wichtige Begriffe, zeigen erste Lösungsmöglichkeiten und bieten einen kleinen Einblick auf anwendungsorientierte Aufgabestellungen. Die in der Facharbeit besprochenen Modelle werden durch ausgewählte Grafiken, ausführlich durchgerechnete Herleitungen und Beispiele, sowie durch ein selbst geschriebenes Java-Programm vertieft.

Um den Anforderungshorizont nicht zu sprengen, wird der Schwerpunkt auf „gewöhnliche Differentialgleichungen erster Ordnung" gesetzt.

1.3 Allgemeine Bezeichnungen und Besonderheiten

In dieser Facharbeit treten vereinzelt mathematische Bezeichnungen auf, die in der Schulmathematik nicht gelehrt werden.

Der Ausdruck „$x := a$" steht für: „*x wird definiert als a*"

Funktionen können auch von mehreren Variablen, ja sogar nochmals eigenen Funktionen und deren Ableitungen abhängig sein. Ein Beispiel einer solchen Funktion ist: $f(x, y, y') = x^2 - y^2 + y'$

Aus Gründen der Übersicht und des Anspruches, die Facharbeit schülergerecht zu schreiben, wird auf gewisse mathematische Besonderheiten nicht genauer eingegangen. Die für das Verständnis und die mathematische Korrektheit notwendigen Bedingungen werden jedoch ausreichend formuliert.

2. Definition und Terminologie

2.1 Was ist eine Differentialgleichung?

In der Einleitung wurde bereits eine Eigenschaft von Differentialgleichungen erwähnt; sie beschreiben Vorgänge. Doch was ist eine Differentialgleichung überhaupt und wie kann man sie mathematisch auffassen?

Aus der Schulmathematik kennt man bereits „normale Gleichungen", Gleichungen zwischen Zahlen und Variablen. Eine Differentialgleichung verhält sich ähnlich. Wie ihr Name schon erahnen lässt, ist sie eine Beziehung zwischen einer Funktion, deren Differentialquotienten und ihren abhängigen Variablen. Im Gegensatz zu den Schülern bereits bekannten Gleichungen ist die gesucht Lösung keine Zahl mehr, sondern eine Funktion. Ein Beispiel ist die Differentialgleichung ist $y' = y$. Sie wurde bereits in der Oberstufe bei der Herleitung der allgemeinen Exponentialfunktion grob angeschnitten und hat die aus dem Unterricht bekannte allgemeine Exponentialfunktion $f(x) = C \cdot e^x$ als Lösung.

2.2 Gewöhnliche und partielle Differentialgleichungen

Differentialgleichungen werden nach dem Typ der gesuchten Funktion benannt. Ist die gesuchte Funktion von genau einer Variablen abhängig, nennt man die Differentialgleichung *gewöhnlich*. Treten mehrere unabhängige Variablen auf, nennt man sie *partielle Differentialgleichung*. Mehrstellige Funktionen werden in der Schule jedoch nicht gelehrt und sind damit in dieser Facharbeit irrelevant.

2.3 Lineare Differentialgleichungen

Treten die gesuchte Funktion $y(x)$ und deren Ableitungen nur in der ersten Potenz auf und sind nur durch Addition miteinander verknüpft, wird die Differentialgleichung als linear bezeichnet.

Beispiel: Linear: $y = 2y' + y'' + 3y'''$

Nicht linear: $y^3 = (y')^2$

2.4 Explizite und implizite Differentialgleichungen

Weiterhin unterscheidet man zwischen expliziten und impliziten Differentialgleichungen. Diese Darstellungsform existiert auch bei normalen Gleichungen. Explizite Gleichungen sind bereits nach der gesuchten Variablen aufgelöst, implizite nicht.

Beispiel: Explizit: $y = 2x + 1$, Implizit: $0 = 2x - y + 1$

Dies lässt sich auf Differentialgleichungen übertragen. Bei einer expliziten Darstellung wurde bereits nach der höchsten Ableitung umgeformt.

Bei impliziten Differentialgleichungen spalten sich die Meinungen der Autoren. Einige bezeichnen Differentialgleichungen nur dann als implizit, wenn sie nicht nach der höchsten Ableitung auflösbar sind. Anderen genügt eine „abgeschwächte" Darstellungsform. In dieser ist noch nicht nach der höchsten Ableitung umgeformt. Dabei ist es egal, ob nach dieser Ableitung aufgelöst werden kann oder nicht.

$$y^{(n)} = f(x, y, y', y'', ..., y^{(n-1)})$$

explizite Differentialgleichung n-ter Ordnung

$$0 = F(x, y, y', ..., y^{(n)})$$

implizite Darstellung einer Differentialgleichung

Die in dieser Facharbeit angesprochenen Gleichungen 1. Ordnung werden diese Form haben:

$$y' = f(x, y)$$

2.5 Homogene und inhomogene Differentialgleichungen

Zusätzlich werden homogene und inhomogene Differentialgleichungen unterschieden. Inhomogene Differentialgleichungen (Dgl.) besitzen ein Störglied, eine Funktion δ abhängig von x, das als Summand in der Differentialgleichung vorliegt:

Form einer homogenen Dgl. 1. Ordnung: $y' = \beta(x) \cdot g(y)$ [1]

Form einer inhomogenen Dgl. 1. Ordnung: $y' = \beta(x) \cdot g(y) + \delta(x)$

---

[1] $\beta(x)$ bzw. $g(y)$ ist hier eine beliebige Funktion abhängig von x bzw. y

3. Lösungsverfahren für Differentialgleichungen

Der Leser ist nun in der Lage, Differentialgleichungen zu erkennen und sie zu klassifizieren. Das wohl wichtigste Problem bei der Behandlung von Differentialgleichungen wird in diesem Kapitel geklärt: Der Suche nach Lösungen.

Im ersten Teil werden algebraische Lösungsverfahren vorgestellt, die speziell auf Differentialgleichungen 1. Ordnung zugeschnitten sind, jedoch auch bei Gleichungen höheren Grades Anwendung finden. Der zweite Teil beschäftigt sich mit numerischen Lösungsverfahren, da für viele Differentialgleichungen kein analytischer Lösungsweg existiert beziehungsweise bekannt ist.

3.1 Was ist die Lösung einer Differentialgleichung?

Ziel jeder Differentialgleichung ist es, einen Gesamtvorgang, der von Wissenschaftlern in winzige Teilstücke zerlegt worden ist, wiederherzustellen. Wiederherstellen heißt im lateinischen *integrieren (lat. integrare)*. Dies ist der Grund, warum die Lösung einer Differentialgleichung in älterer Literatur oft auch als *„Integral"* bezeichnet wird, obwohl im Lösungsweg das mathematische Integral nicht zwingend verwendet werden muss.

Als Lösung bezeichnet man alle Funktionen $y(x)$, die, in die Gleichung eingesetzt, eine wahre Aussage ergeben. Da durch das Einsetzen die Funktion differenziert werden muss, ist es offensichtlich, dass die gesuchte Funktion eine differenzierbare und damit stetige Funktion sein muss. Weil auf dem Lösungsweg meist integriert wird, erhält man eine Lösung mit einer, oder je nach Grad der Differentialgleichung, mehreren additiven Konstanten. Diese Schar von Funktionen nennt man *allgemeine Lösung*. Eine Funktion aus dieser Schar, die bestimmte Bedingungen erfüllt, nennt man *partikuläre Lösung* oder *spezielle Lösung*.

3.2 Das Anfangswertproblem

Das sogenannte *Anfangswertproblem* ist Voraussetzung, um eine Differentialgleichung exakt zu lösen. Das Anfangswertproblem setzt sich aus der *Gleichung* und einer *Anfangsbedingung*, einem festen Wert y_0 bei einem bestimmten Wert x_0, zusammen. Die zur exakten Bestimmung der Lösung notwendige Anzahl der Anfangsbedingungen hängt vom Grad der Differentialgleichung ab. Sie haben die Form $y^{(n)}(x_0) = y_0^{(n)}$. Bei einer Differentialgleichung n-ter Ordnung benötigt man dementsprechend auch n Anfangsbedingungen.

Um diesen Gedankengang ein wenig greifbarer zu machen, nehme man das Beispiel eines Federpendels[2] mit der aus dem Physikunterricht bekannten Differentialgleichung $\ddot{y} = -D \cdot y$. Um den weiteren Verlauf exakt zu beschreiben, reicht es jedoch nicht aus, nur den Ort des Federpendels zu kennen, denn mit dieser Information allein lässt sich nicht der weitere Verlauf bestimmen, sondern man benötigt noch die zweite Bedingung, die Angabe der Momentangeschwindigkeit, um die Richtung des schwingenden Pendels zu kennen. Dieser Gedankengang ist analog auf das Anfangswertproblem übertragbar. Bei den in dieser Facharbeit vorkommenden Differentialgleichungen 1. Ordnung müssen demnach für eine exakte Lösung die Gleichung und die Anfangsbedingung $f(x_0) = y_0$ angegeben werden.

3.3 Algebraische Lösungsverfahren für Differentialgleichungen

3.3.1 Direkte Integration

Der einfachste Weg, an die Lösung einer Differentialgleichung zu gelangen, ist die direkte Integration, dessen Lösungsweg Schülern der Oberstufe seit Einführung der Integralrechnung bekannt ist. Diese ist jedoch nur bei sehr einfachen Gleichungen der Form $y' = g(x)$ durchführbar, weshalb andere Lösungsmethoden gefunden werden müssen.

Beispiel: $y' = x \Rightarrow y = \int x = \frac{1}{2}x^2 + C$

3.3.2 Separation der Variablen

Eine Differentialgleichung, die sich auf die Form $y' = f(x) \cdot g(y)$ bringen lässt, heißt Gleichung mit *getrennten Variablen* oder *separierbare* Differentialgleichung. Durch leichte Umformung lassen sich Terme mit x und y auf die beiden Seiten der Gleichung bringen - man *"trennt"* sie.

Um diese Gleichung zu lösen, wird die *Separation* oder zu Deutsch *Trennung der Variablen* verwendet. Dieses Verfahren funktioniert nach folgendem Algorithmus:

1) Gleichung in die Leibniz-Form bringen $\qquad y' = \dfrac{dy}{dx} = f(x) \cdot g(y)$

2) Trennen der Variablen x und y $\qquad \dfrac{dy}{g(y)} = f(x) \cdot dx$

3) Integrieren $\qquad \int \frac{1}{g(y)} \cdot dy + C_1 = \int f(x) \cdot dx + C_2$ [3]

---

[2] Zur Theorie des Federpendels vergleiche Metzler Physik S. 115ff

[3] Nicht ganz korrekte Schreibweise. Konstanten entstehen erst nach dem Integrieren.

4) Zusammenfassen der Konstanten $\qquad C := C_2 - C_1$

    Ergibt $\qquad\qquad\qquad\qquad\qquad G(y) = F(x) + C$

Der vierte Schritt gibt bereits die Lösung der Differentialgleichung in impliziter Form an. Diese muss durch geeignete Umformungen in die explizite Form überführt werden. Im letzten Schritt müssen auftretende Konstanten an das Anfangswertproblem angepasst werden.

Mit dieser Methode lässt sich das Anfangswertproblem $y' = x \cdot e^{-y} + e^{-y}$ mit $y(0) = 1$ sehr einfach lösen:

Auf den ersten Blick scheint dies keine separierbare Gleichung zu sein. Doch nach kurzer Umformung erkennt man schnell: $f(x) = x + 1$ und $g(y) = e^{-y}$

Die Gleichung in Leibniz-Schreibweise: $\qquad \frac{dy}{dx} = (x+1) \cdot e^{-y}$

Trennung der Variablen: $\qquad\qquad\qquad e^{y} \cdot dy = (x+1) \cdot dx$

Integration: $\qquad\qquad\qquad\qquad\quad \int e^{y} \cdot dy = \int (x+1) \cdot dx$

Lösen der Stammfunktion: $\qquad\qquad e^{y} + C_1 = 0.5x^2 + x + C_2$

Zusammenfassen der Konstanten: $\qquad e^{y} = 0.5x^2 + x + C$

Logarithmieren für die explizite Form: $\quad y = ln(0.5x^2 + x + C)$

Nun muss das Anfangswertproblem gelöst werden. Dafür wird in die allgemeine Lösung die Anfangsbedingung eingesetzt:

$y(0) = 1 \Leftrightarrow 1 = ln(0.5 \cdot 0^2 + 0 + C) \Leftrightarrow ln(C) = 1 \Leftrightarrow C = e$

Damit lautet die Lösung des Anfangswertproblems $y = ln(0.5x^2 + x + e)$.

Die Lösung lässt sich durch Einsetzen schnell überprüfen:

$$y = ln(0.5x^2 + x + e) \Rightarrow y' = \frac{1}{0.5x^2 + x + e} \cdot (0.5x^2 + x + e)' \Rightarrow y' = \frac{x+1}{0.5x^2 + x + e}$$

Einsetzen in die Differentialgleichung ergibt:

$$x \cdot e^{-y} + e^{-y} = x \cdot e^{-ln(0.5x^2 + x + e)} + e^{-ln(0.5x^2 + x + e)} = x \cdot \frac{1}{0.5x^2 + x + e} + \frac{1}{0.5x^2 + x + e} = \frac{x+1}{0.5x^2 + x + e} = y'$$

Mithilfe der Separation der Variablen lässt sich eine allgemeine Lösungsformel für homogene Differentialgleichungen $y' = f(x) \cdot y$ mit dem Sonderfall $g(y) = y$ aufstellen:

$$\frac{dy}{dx} = f(x) \cdot y \Leftrightarrow \int \frac{dy}{y} = \int f(x) \cdot dx \Rightarrow \int \frac{1}{y} dy = \int f(x) \cdot dx \Rightarrow \ln(y) + C_1 = F(x) + C_2$$

$$\Rightarrow y = e^{F(x) + C_2 - C_1} = e^{C_2 - C_1} \cdot e^{F(x)} \qquad\qquad C := e^{C_2 - C_1}$$

$$y = C \cdot e^{F(x)}$$

Lösungsformel für gewöhnliche, lineare, homogene Differentialgleichungen 1. Ordnung

Diese Formel lässt sich leicht berechnen. Jedoch stellt sich die Frage, ob Funktionen existieren, die nicht in dieser Schar enthalten sind, aber dennoch Integrale dieser Differentialgleichung sind. Dies ist aufgrund folgenden Beweises[4] zu verneinen: Gesucht ist das Integral $y(x)$ der Differentialgleichung $y' = f(x) \cdot y$.

Über $y(x)$ ist nur bekannt, dass es die Differentialgleichung löst. Der exakte Term der Funktion ist jedoch noch nicht bekannt.

Man definiert $z(x) := e^{F(x)}$.

Somit gilt für die Ableitung $z'(x) = f(x) \cdot e^{F(x)} = f(x) \cdot z(x)$

Nun wird der Term $\frac{y}{z}$ abgeleitet.

$$\left(\frac{y}{z}\right)' = \frac{d}{dx} \cdot \frac{y}{z} = \frac{y' \cdot z - z' \cdot y}{z^2} = \frac{f(x) \cdot y \cdot z - f(x) \cdot z \cdot y}{z^2} = 0 \text{ [5]}$$

Da die Ableitung $\left(\frac{y}{z}\right)'$ gleich 0 ist, muss der Quotient $\frac{y}{z}$ konstant sein.

Aus $\frac{y}{z} = C$ folgt $y = C \cdot z$ und damit $y(x) = C \cdot e^{F(x)}$

q.e.d.

3.3.3 Variation der Variablen

Eine Gleichung der Form $y' = a(x) \cdot y + b(x)$ heißt inhomogene Differentialgleichung 1. Ordnung. Da sie nicht mehr trennbar ist, versagt die *Separation der Variablen*. Das Lösungsverfahren *Variation der Variablen* verschafft hier Abhilfe.

Der Term $b(x)$ wird als *Störglied* oder *Inhomogenität* bezeichnet. Die Gleichung $y' = a(x) \cdot y$ heißt die *zur inhomogenen Gleichung gehörende homogene Gleichung*.

Die Lösung inhomogener Differentialgleichungen 1. Ordnung ergibt sich durch die Gleichung:

---

[4] Vgl. Harro Heuser, gewöhnliche Differentialgleichungen, S.59 ff

[5] Die Ableitung lässt sich über die Quotientenregel berechnen.

Die beiden Ableitungen $y'(x)$ und $z'(x)$ können einfach eingesetzt werden.

$$y_a(x) = y_h(x) + y_s(x)$$

y_s ist eine beliebige Lösung der inhomogenen Gleichung. Sie wird *spezielle oder auch partikuläre Lösung* genannt. y_h ist die *allgemeine Lösung* der zugehörigen homogenen Gleichung $y' = a(x) \cdot y$. Die allgemeine Lösung der inhomogenen Differentialgleichung ergibt sich dann aus der Summe der beiden Lösungen.

Zur Begründung folgt ein kurzer Beweis:

$y(x)$ sei eine Lösung der Differentialgleichung $y'(x) = a(x) \cdot y + b(x)$

$y_s(x)$ sei eine beliebige, feste Lösung der Differentialgleichung.

Für die Ableitung von $(y - y_s)'$ gilt somit:

$$(y - y_s)' = y' - y_s' = a(x) \cdot y + b(x) - [a(x) \cdot y_s + b(x)] = a(x) \cdot y - a(x) \cdot y_s$$
$$= a(x) \cdot (y - y_s)$$

Daraus folgt: $(y - y_s) = y_h$ löst die zugehörige homogene Differentialgleichung

$$y_h' = a(x) \cdot y_h$$

Damit gilt: $y - y_s = C \cdot e^{\int a(x) \cdot dx}$ und somit $y = y_s + C \cdot e^{\int a(x) \cdot dx}$

Definiert man $y_h := C \cdot e^{\int a(x) \cdot dx}$ gilt: $y(x) = y_s(x) + y_h(x)$

q.e.d.

Der Algorithmus für inhomogene Differentialgleichungen 1. Ordnung lautet:

1) Bestimmen der allgemeinen Lösung der homogenen Gleichung y_h

$$y_h = C \cdot e^{\int a(x) \cdot dx} \text{ mit } C \in \mathbb{R}$$

Ersetzen der Konstanten durch eine Hilfsfunktion $u(x)$ (Dieser Schritt ist die eigentliche *Variation der Variablen*)

$$y_s = u(x) \cdot e^{\int a(x) \cdot dx}$$

2) Einsetzen von y in die inhomogene Differentialgleichung

$$(u(x) \cdot e^{\int a(x) \cdot dx})' = u(x) \cdot e^{\int a(x) \cdot dx} + b(x)$$
$$\Rightarrow u'(x) \cdot e^{\int a(x) \cdot dx} + u(x) \cdot e^{\int a(x) \cdot dx} = u(x) \cdot e^{\int a(x) \cdot dx} + b(x)$$
$$\Rightarrow u'(x) \cdot e^{\int a(x) \cdot dx} = b(x)$$

- 11 -

$$\Rightarrow u'(x) = \frac{b(x)}{e^{\int a(x)\cdot dx}}$$

3) Integrieren von $u'(x)$

$$u(x) = \int \frac{b(x)}{e^{\int a(x)\cdot dx}} dx$$

4) Einsetzen von $u(x)$ in $y = u(x)\cdot e^{\int a(x)\cdot dx}$, um die spezielle Lösung zu erhalten

$$y_s = \int \frac{b(x)}{e^{\int a(x)\cdot dx}} dx \cdot e^{\int a(x)\cdot dx}$$

Da nur eine beliebige spezielle Lösung gesucht ist, kann hierbei auf eine Integrationskonstante verzichtet werden.

5) Allgemeine Lösung der inhomogenen Differentialgleichung bestimmen

$$y_a = y_s + y_h = \int \frac{b(x)}{e^{\int a(x)\cdot dx}} dx \cdot e^{\int a(x)\cdot dx} + C\cdot e^{\int a(x)\cdot dx} \text{ mit } C \in \Re$$

Die Variation der Variablen dient zur Findung einer speziellen Lösung der inhomogenen Gleichung. Natürlich ist auch eine „erratene" spezielle Lösung zulässig. Bei einfachen Differentialgleichungen kann eine „kreative Denkpause" lange Rechenwege ersparen.

Die Differentialgleichung $y' = 2y + 2e^x$ veranschaulicht die *Variation der Variablen*:

Differentialgleichung: $y' = 2y + 2e^x$

Allgemeine Lösung der homogenen Gleichung durch Trennung der Variablen

$$y_h = C\cdot e^{2x}$$

Variation der Variablen $\quad y = u(x)\cdot e^{2x}$

Einsetzen in die Gleichung $\quad (u(x)\cdot 2e^{2x})' = 2(u(x)\cdot 2e^{2x}) + 2e^{2x}$

$$\Rightarrow u'(x)\cdot 2e^{2x} + 2\cdot u(x)\cdot 2e^{2x} = 2\cdot u(x)\cdot 2e^{2x} + 2e^{2x}$$

$$\Rightarrow u'(x)\cdot 2e^{2x} = 2e^{2x} \qquad \Rightarrow u'(x) = \frac{e^{2x}}{e^{2x}} = 1$$

Integrieren $\quad u(x) = \int 1\cdot dx = x$

Einsetzen von $u(x)$ $\quad y_s = u(x)\cdot e^{2x} = x\cdot e^{2x}$

Allgemeine Lösung: $\quad y_a = y_s + y_h = x\cdot e^{2x} + C\cdot e^{2x} = (x+C)\cdot e^{2x}\ C\in\mathbb{R}$

3.4 Spezielle Differentialgleichungen

Die beiden hier vorgestellten Lösungsverfahren stoßen schnell an ihre Grenzen. Bereits viele Differentialgleichungen 1. Ordnung sind auf herkömmlichem Wege nicht lösbar. Schon die einfach klingende Differentialgleichung $y' = y \cdot x + x^2 \cdot y^2$ lässt die Trennung der Variablen nicht mehr zu. Gerade aus diesem Grund entwickelten sich im Laufe der Zeit einige analytische Verfahren für spezielle Differentialgleichungen. Die in der Lehre der Differentialgleichungen häufig vorgestellten Bernoulli -und Riccati -Differentialgleichungen werden auf den folgenden Seiten behandelt.

3.4.1 Bernoulli Differentialgleichung

Die Bernoulli-Differentialgleichung, benannt nach Jakob I aus der berühmten Mathematikerfamilie Bernoulli, hat die Form $y' = a(x)y + b(x)y^{\delta}$ mit $\delta \in \mathbb{R}$.

Sie ist eine nichtlineare Differentialgleichung 1. Ordnung. Unter bestimmten Vorraussetzungen vereinfacht sich ihr Lösungsweg enorm, weshalb diese Fälle meist ausgeschlossen werden. Diese sind $\delta \neq 0, \delta \neq 1, a(x) \neq 0, b(x) \neq 0$.

Die Bernoulli-Gleichung wird wie folgt gelöst:

1) Multiplikation mit $y^{-\delta}$

$$y' \cdot y^{-\delta} = a(x)y \cdot y^{-\delta} + b(x)y^{\delta} \cdot y^{-\delta} = a(x)y^{1-\delta} + b(x)$$

2) Substitution von $z := y^{1-\delta}$

Nach der Differentiation von z und einer kurzen Umformung lässt sich auch die linke Seite der Differentialgleichung substituieren:

$$z' = (1-\delta) \cdot y^{-\delta} \cdot y' \Rightarrow \frac{z'}{(1-\delta)} = y' \cdot y^{-\delta}$$

$$\frac{z'}{(1-\delta)} = a(x) \cdot z + b(x) \qquad \text{Multiplikation von } (1-\delta)$$

$$\Rightarrow z' = a(x) \cdot (1-\delta) \cdot z + b(x) \cdot (1-\delta)$$

3) Durch die Substitution erhält man eine lineare, inhomogene Differentialgleichung 1. Ordnung, deren Lösung man über den Ansatz $z_a = z_s + z_h$ [6] erhält.

4) Die Resubstitution von z liefert die Lösung der Bernoulligleichung

$$y(x) = z^{\frac{1}{1-\delta}}$$

---

[6] Vgl. hierfür 3.3.3 Variation der Variablen

Auch hier folgt ein kurzes Beispiel zum besseren Verständnis:

Es gilt eine allgemeine Lösung der Bernoulligleichung $y' = x \cdot y + x \cdot y^{-1}$ zu finden.

Offensichtlich gilt hier $a(x) = b(x) = x$ und $\delta = -1$.

Zuerst muss die Gleichung mit $y^{-\delta} = y$ multipliziert werden.

$$y' \cdot y = x \cdot y \cdot y + x = x \cdot y^2 + x$$

Mit $z := y^{1-\delta} = y^2$ und $z' = 2y \cdot y' \Leftrightarrow y \cdot y' = \dfrac{z'}{2}$

ergibt sich $\dfrac{z'}{2} = x \cdot z + x \Leftrightarrow z' = 2x \cdot z + 2x$

Die homogene Lösung lautet: $\qquad z_h = C \cdot e^{\int 2x \cdot dx} = C \cdot e^{x^2}$

Die partikuläre Lösung kann über die Variation der Variablen gewonnen werden. Durch kurzes Ausprobieren findet sich jedoch schnell die einfache Lösung $z_s = -1$

Die allgemeine Lösung ist also: $\qquad z_a = C \cdot e^{x^2} - 1$

Als letzter Schritt folgt die Resubstitution von $z = y^2$ zu $y = \pm\sqrt{z}$

Die Lösung dieser Bernoulli-Gleichung ist $y(x) = \pm\sqrt{C \cdot e^{x^2} - 1}$

3.4.2 Riccati-Differentialgleichung[7]

Wird der Bernoulli-Differentialgleichung eine Störfunktion hinzugefügt und zusätzlich $\delta = 2$ gewählt erhält man die Riccati-Differentialgleichung

$$y' = a(x)y + b(x) \cdot y^2 + c(x).$$

Zur Aufstellung einer allgemeinen Lösung wird die Kenntnis einer partikulären Lösung[8] benötigt, da ohne diese Kenntnis die meisten Riccati-Differentialgleichungen nicht elementar auflösbar sind.

Nachdem eine spezielle Lösung y_s gefunden wurde, folgt die Substitution von

$$y = y_s + \tfrac{1}{u} \text{ mit } y' = y_s' - \tfrac{u'}{u^2} = a(x)y_s + b(x)y_s^2 + c(x) - \tfrac{u'}{u^2}.$$

Wird dies in die Differentialgleichung eingesetzt ergibt sich eine lineare Differentialgleichung 1. Ordnung:

$$a(x)y_s + b(x)y_s^2 + c(x) - \frac{u'}{u^2} = a(x) \cdot \left(y_s + \frac{1}{u} \right) + b(x) \cdot \left(y_s + \frac{1}{u} \right)^2 + c(x) \quad \left| -c(x) \right.$$

---

[7] Vgl. Günzel, Heidrun: S. 74ff

[8] Vgl. Lösung einer linearen, inhomogenen Differentialgleichung 1. Ordnung

$$\Leftrightarrow a(x)y_s + b(x)y_s{}^2 - \frac{u'}{u^2} = a(x)\cdot y_s + a(x)\cdot \frac{1}{u} + b(x)\cdot \left(y_s{}^2 + \frac{2y_s}{u} + \frac{1}{u^2}\right) \quad \left|-a(x)\cdot y_s\right.$$

$$\Leftrightarrow b(x)y_s{}^2 - \frac{u'}{u^2} = a(x)\cdot \frac{1}{u} + b(x)\cdot y_s{}^2 + b(x)\cdot \frac{2y_s}{u} + b(x)\cdot \frac{1}{u^2} \quad \left|-b(x)\cdot y_s{}^2\right.$$

$$\Leftrightarrow -\frac{u'}{u^2} = a(x)\cdot \frac{1}{u} + b(x)\cdot \frac{2y_s}{u} + b(x)\cdot \frac{1}{u^2} \quad \left|\cdot(-u^2)\right.$$

$$u' = -a(x)\cdot u - 2b(x)\cdot y_s \cdot u - b(x)$$

Formel für die substituierte Differentialgleichung

Wird die Lösung $u(x)$ dieser linearen Differentialgleichung in $y = y_s + \frac{1}{u}$ eingesetzt, ergibt sich die allgemeine Lösung der Riccati-Differentialgleichung.

Das Lösungsverfahren für Riccati-Differentialgleichungen ist das anspruchsvollste Verfahren, das in dieser Facharbeit besprochen wird. Es erfordert eine komplexe Substitution, das Finden eines speziellen Integrals und die Kenntnisse über inhomogene Differentialgleichungen. Eine Riccati-Differentialgleichung vereinigt somit die wichtigsten Punkte bezüglich Differentialgleichungen 1. Ordnung. Ein ausführlich durchgerechnetes Beispiel darf hier natürlich nicht fehlen.

Die Differentialgleichung $y' = (2x-1)\cdot y + (1-x)\cdot y^2 - x^9$ soll allgemein gelöst werden. Nach geschicktem Ausprobieren von einfachen Funktionen, wie konstanten, linearen oder auch exponentiellen Funktionen findet sich die spezielle Lösung $y_s = 1$.

Die komplette Substitution wird nun nicht mehr durchgeführt, da im oberen Abschnitt bereits eine Formel für die substituierte Differentialgleichung gefunden wurde.

Das Einsetzen von $a(x) = 2x-1$, $b(x) = 1-x$ und $y_s = 1$ ergibt die inhomogene Differentialgleichung $u' = -\cdot(2x-1)\cdot u - 2\cdot(1-x)\cdot 1\cdot u - (1-x)$ und zusammengefasst $u' = u\cdot(-2x+1-2+2x)-1+x = -u-1+x$

Die allgemeine Lösung dieser inhomogenen Differentialgleichung $u(x) = C\cdot e^{-x} + x - 2$ findet sich über die in Punkt 3.3.3 beschriebenen *Variation der Variablen*.

---

[9] Siehe. Heidrun Günzel, Gewöhnliche Differentialgleichungen, S.77/ Aufgabe 3.4.1b, keine Lösung im Buch angegeben

Das Einsetzen von $u(x)$ in $y = y_s + \frac{1}{u}$ ergibt für die allgemeine Lösung der Riccati-

Differentialgleichung $y_a(x) = 1 + \dfrac{1}{C \cdot e^{-x} + x - 2}$.

Selbst herausragende Mathematiker wie Johann und Jakob Bernoulli versucht jahrelang vergeblich die einfach anmutende Riccati Differentialgleichung $y' = x^2 + y^2$ zu lösen. Aus gutem Grund, denn diese Gleichung ist elementar nicht lösbar. Das Integral gewann Jakob Bernoulli erst 1702 mit Hilfe von Reihen, den sogenannten *Besselschen Funktionen*[10]. Ein „allgemeineres" Lösungsverfahren wurde erst 1764 von Euler entwickelt.

Der Namensgeber Graf Jacopo Fransesco Riccati hatte mit den Riccati Differentialgleichungen eher wenig zutun. Seine eigentliche Leistung bestand darin, die Newtonsche Physik in Italien bekannt zu machen.[11]

3.5 Näherungsverfahren

Bei der Behandlung von Differentialgleichungen wird man schnell auf Gleichungen stoßen, die entweder nur sehr mühsam oder gar auf analytischen Weg nicht lösbar sind. Aus diesem Grund wurden verschiedene Näherungsverfahren entwickelt. Das Richtungsfeld, das Euler-Cauchy-Verfahren und das Runge-Kutta-Verfahren zählen zu den numerischen Näherungsverfahren und werden in diesem Kapitel vorgestellt.

3.5.1 Das Richtungsfeld

Im Folgenden wird die explizite Differentialgleichung $y' = f(x, y)$ betrachtet.

Für jede ihrer Lösungsfunktionen $y(x)$ ist definitionsgemäß die Steigung mit $y'(x) = f(x, y)$ im Punkt (x, y) berechenbar. Anschaulich gesagt: Hat eine Lösungskurve den Punkt (x, y) erreicht, wird sie mit der Steigung $f(x, y)$ „fortgeschickt". Diese Richtungsanweisung lässt sich in einem Koordinatensystem durch kleine Geradenstücke der Steigung $f(x, y)$, in der Mathematik *Linienelement* genannt, grafisch veranschaulichen. Die Gesamtheit aller Linienelemente ist das *Richtungsfeld*. Eine beliebig ausgewählte Lösungskurve verläuft demnach in jedem Punkt (x, y) tangential zum entsprechenden Linienelement.

---

[10] Siehe Paul Schafheitlin *Die Theorie der Besselschen Funktionen*. B. G. Teubner, Leipzig 1908.

[11] Zur Historie: siehe Harro Heuser: *Gewöhnliche Differentialgleichungen*, B. G. Teubner, März 2004 unter 4. Lineare, Bernoullische, Riccatische Differentialgleichungen, Historische Anmerkungen

Weiterhin gilt:

Ist die Differentialgleichung $y' = f(x,y)$ eindeutig lösbar, geht durch jeden Punkt

(x_0, y_0) genau eine Kurve und genau ein Linienelement. Die Kurve, die durch eine

Anfangsbedingung (x_0, y_0) geht und in ihrem gesamten Verlauf auf das Richtungs-

feld passt, ist die Lösungskurve des Anfangswertproblems.

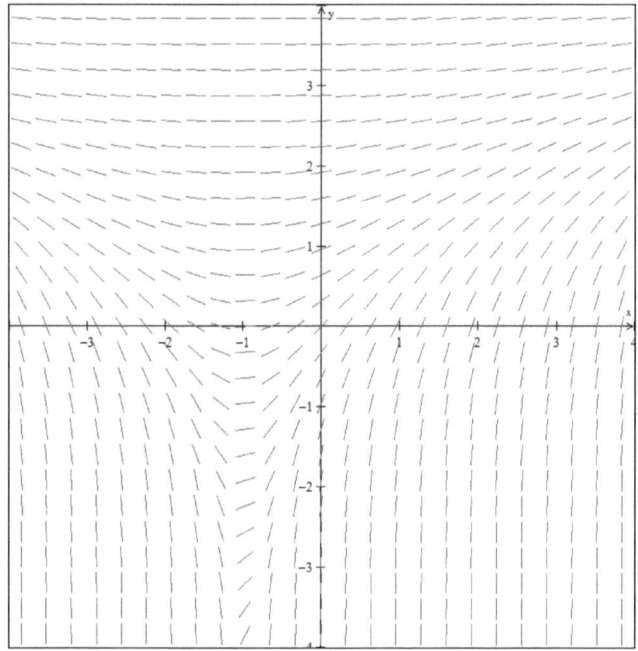

Die Grafik[12] zeigt das Richtungsfeld der in 3.3.2 besprochenen Differentialgleichung

$$y' = x \cdot e^{-y} + e^{-y}$$

3.5.2 Der Euler-Cauchy-Polygonzug

Gegeben sei das Anfangswertproblem $y' = f(x,y)$ mit $y(x_0) = y_0$

Um einen Wert $y(\xi)$ der exakten Lösung zu approximieren, zerlegt man das Inter-

vall $[x_0, \xi]$ in n-Teile der gleichen Länge $h := \frac{(\xi - x_0)}{n}$. Die Abszissen x_k lassen sich

durch folgenden Term berechnen: $x_k = x_0 + k \cdot h$ für $k = 0,1,2,...,n$.

Nun wird bei (x_0, y_0) mit der Steigung $y'(x_0) = f(x_0, y_0)$ „gestartet", bis der Punkt

$P_1 := (x_1, y_1)$ über x_1 mit der Ordinate $y_1 = y_0 + h \cdot y'(x_0) = y_0 + h \cdot f(x_0, y_0)$ erreicht

---

[12] Erstellt mit WinPlot

ist. Von diesem Punkt wird die neue Steigung $y'(x_1) = f(x_1, y_1)$ berechnet und nach dem gleichen Prinzip vorangeschritten. Dieses Verfahren wiederholt sich, bis man am Punkt $(\xi, y(\xi))$ angekommen ist. Daraus lässt sich die allgemeine Formel für die Ordinate des Punktes $P_k := (x_k, y(x_k))$ aufstellen:

$$y_k = y_{k-1} + h \cdot f(x_{k-1}, y_{k-1}) = y_{k-1} + h \cdot y'(x_{k-1}) \text{ für } k = 1,2,\ldots,n-1,n$$

y_n entspricht dann dem gesuchten Näherungswert $y(\xi)$.

Dieses Näherungsverfahren nennt man den *Euler-Cauchyschen Polygonzug* mit Schrittweite h. Er ist benannt nach den berühmten Mathematikern Leonhard Euler und Augustin Louis Cauchy.

Man erkennt schnell, dass mit kleinerem h die Approximationsgüte, also Qualität der Näherung, steigt. Dies ist auch zu erwarten, denn eine größere Anzahl an n-Teilstücken ermöglicht mehr „Richtungsangaben", die somit ein genaueres Ergebnis liefern. Der *Euler-Cauchy Polygonzug* hat jedoch einen entscheidenden Nachteil: Er ist zwar einfach, jedoch auch sehr rechenaufwendig, wenn man eine genaue Näherung erhalten möchte. Daher ist er eher von historischem Interesse und erfährt in der Praxis keine Anwendung.

3.5.3 Das Runge-Kutta-Verfahren[13]

Ein weitaus potenteres Verfahren ist von den beiden Mathematikern Carl Runge und Martin Wilhelm Kutta entwickelt worden. Auf die Herleitung und eine genaue Fehlerabschätzung wird verzichtet, dennoch sind bei Interesse Verweise auf Spezialliteratur[14] gegeben.

Wie beim Euler-Cauchy Polygonzug sei das Anfangswertproblem $y' = f(x, y)$ mit $y(x_0) = y_0$ gegeben. Ziel ist es, die Lösungskurve auf einen Intervall $[x_0, x_0 + a]$ mit $a > 0$ numerisch abzuschätzen. Das Intervall wird in n-Teile der Schrittweite $h := \dfrac{a}{n}$ aufgeteilt. Die Abszisse x_ν wird durch diese Formel berechnet:

$$x_\nu := x_0 + \nu h \text{ mit } \nu = 0,1,\ldots,n$$

Um bei einem gegebenen y_ν den nächsten Funktionswert $y_{\nu+1}$ anzunähern, werden folgende Schritte durchgeführt:

$$k_{\nu 1} := f(x_\nu, y_\nu)$$

---

[13] Vgl. Harro Heuser, gewöhnliche Differentialgleichungen, S.55ff

[14] Siehe zur Fehlerabschätzung: Collatz (1966), Stoer (1989) oder Hairer, Nørset und Wanner (1993): Solving Ordinary Differential Equations

- 18 -

$$k_{v2} := f(x_v + \tfrac{h}{2}, y_v + \tfrac{h}{2} \cdot k_{v1})$$

$$k_{v3} := f(x_v + \tfrac{h}{2}, y_v + \tfrac{h}{2} \cdot k_{v2})$$

$$k_{v4} := f(x_v + h, y_v + h \cdot k_{v3})$$

$$k_v := \tfrac{h}{6} \cdot (k_{v1} + 2 \cdot k_{v2} + 2 \cdot k_{v3} + k_v)$$

$$y_{v+1} := y_v + k_v$$

k_v entspricht also der Differenz zwi-

schen y_v und y_{v+1}.

Rechtsstehende Grafik[15] zeigt das

ge-Kutta-Verfahren an einem fiktiven

Beispiel.

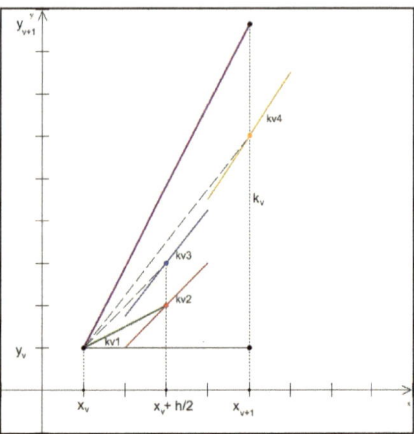

Diese sechs Schritte zur Näherung sind auf den ersten Blick relativ undurchschau-
bar, deswegen wird das Runge-Kutta-Verfahren an einem einfachen Anfangswertproblem durchgegangen.

Gegeben sei das Anfangswertproblem $y' = x + y$ mit $y(0) = 0$.

Mithilfe des Runge-Kutta-Verfahren soll der Funktionswert $y(1)$ bestimmt werden.

Es wird die große Schrittweite $h = 1$ gewählt. Dies ermöglicht eine schnelle Berech-
nung des Funktionswertes und zeigt anschaulich die Funktionsweise des Algorithmus.

Gegeben ist das Wertepaar $x_0 = 0$ und $y_0 = 0$. Das gewählte Intervall läuft von 0

bis 1 und wird aufgrund der Schrittweite 1 in ein Teilstück zerlegt. Der Algorithmus

muss also nur einmal durchgegangen werden, um den Näherungswert zu erhalten.

$$k_{v1} := 0 - 0 = 0$$ Steigung im Punkt $(0 \mid 0)$

$$k_{v2} := \tfrac{1}{2} + \tfrac{1}{2} \cdot 0 = \tfrac{1}{2}$$ Steigung im Punkt $(0.5 \mid 0)$

$$k_{v3} := \tfrac{1}{2} + \tfrac{1}{2} \cdot \left(\tfrac{1}{2}\right) = 0.75$$ Steigung im Punkt $(0.5 \mid 0.25)$

$$k_{v4} := 1 + 1 \cdot (0.75) = 1.75$$ Steigung im Punkt $(0.5 \mid 0.75)$

$$k_v := \tfrac{1}{6} \cdot (0 + 2 \cdot 0.5 + 2 \cdot 0.75 + 1.75) \approx 0.7083$$

$$y_1 := y_0 + k_v = 0 + 0.7083 = 0.7083$$

---

[15] Grafik erstellt mit WinPlot

Die exakte Lösung $y(x) = e^x - x - 1$ lässt sich bei dieser Aufgabe leicht durch *Variation der Konstanten* herausfinden. Der exakte Wert $y(1) = e - 2 \approx 0.7183$ weicht nur

um $\dfrac{0.7183 - 0.7083}{0.7183} \approx 1.4\%$ vom genäherten Wert ab. Man sieht: Trotz der relativ

hohen Schrittweite wird ein nahezu exaktes Ergebnis erreicht. Es lässt sich zeigen: Der Fehler beim Runge-Kutta-Verfahren verhält sich proportional zu h^4.

4. Anwendungen

Die letzten Kapitel handelten davon, wie Differentialgleichungen mittels analytischer und numerischer Verfahren zu lösen sind. Es wurden ein historisches und ein aktuelles Näherungsverfahren erläutert und besondere Differentialgleichungen wie die Bernoullischen oder die Riccatischen erwähnt. Doch die eigentlich spannendste Frage wurde noch gar nicht geklärt. Wie stellt man Differentialgleichungen überhaupt auf? Wozu kann man sie gebrauchen?

Vorweg: Es gibt keinen allgemeingültigen Weg Differentialgleichungen aufzustellen, jedoch sollen die hier folgenden Beispiele einen kleinen Einblick vermitteln, wie man bei der Modellierung vorgeht.

4.1 Orthogonale Trajektorie

Zuerst wird ein mathematisches Problem behandelt: Die Suche nach orthogonalen Trajektorien einer Kurvenschar. Das heißt, man sucht die Kurven, die jeden Graph einer Kurvenschar orthogonal, also senkrecht, schneiden. Dieses Problem findet auch praktische Anwendung. In der Physik entsprechen die Äquipotentiallinien eines elektrischen Feldes orthogonalen Trajektorien.

Orthogonale Trajektorien lassen sich auf folgende Weise berechnen:

Gegeben sei eine Schargleichung: $F(x, y, C) = 0$ z.B. $y - C \cdot x^2 = 0$

Diese Schargleichung wird nun nach x differenziert[16]:

$$F_x(x, y, C) + F_y(x, y, C) \cdot y' = 0$$

Der Scharparameter C lässt sich eliminieren. Dadurch erhält man eine Differentialgleichung 1. Ordnung der Form $f(x, y, y') = 0$. Aus der Schulmathematik ist bekannt, dass Funktionen mit den Steigungen m und $-1/m$ senkrecht aufeinander stehen. Daher sind die Lösungen der Gleichung $f(x, y, -1/y') = 0$ orthogonale Trajektorien der Kurvenschar.

---

[16] Hier wird partiell abgeleitet. Dies ist aber nicht im Lehrplan der Schulmathematik enthalten.

Nun wird dieses Verfahren für die elektrischen Feldlinien einer Punktladung ange-
wandt. Die Kurvenschar der ausgehenden Feldlinien lässt sich darstellen mit
$y = C \cdot x$.

$F(x,y,C) = y - C \cdot x$ oder ungeformt: $C = \frac{y}{x}$ $\quad \Rightarrow F'(x,y,C) = y' - C = 0$

$\Rightarrow y' = C$

Die Elimination der Konstanten ergibt: $y' = \frac{y}{x}$.

Die orthogonalen Trajektorien sind damit $\frac{-1}{y'} = \frac{y}{x}$ $\quad \Rightarrow y' = \frac{-x}{y}$.

Über Trennung der Variablen erhält man die Funktion[17] $y_\pm(x) = \pm\sqrt{C - x^2}$

Wählt man $C := r^2$ erhält man die aus dem Mathematikunterricht bekannte Kreis-

funktion $y_\pm(x) = \pm\sqrt{r^2 - x^2}$, was sich perfekt mit den physikalischen Kenntnissen
deckt.

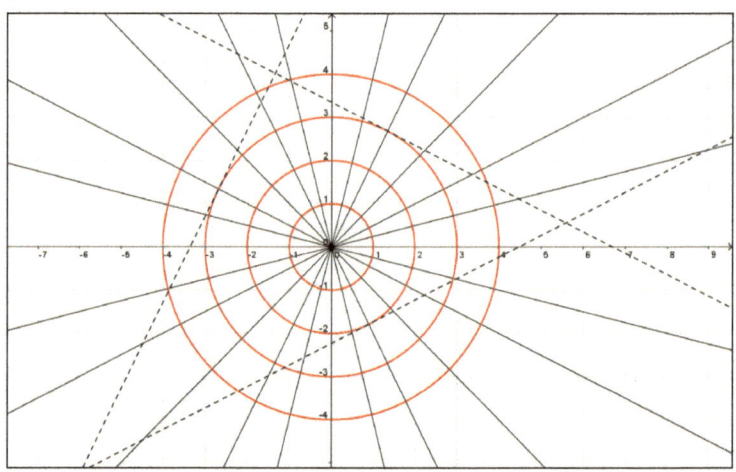

Die Grafik[18] zeigt die Kurvenschar $f(x) = C \cdot x$ und

zugehörigen orthogonalen Trajektorien und Senkrechten

4.2 Vom exponentiellen zum logistischen Wachstum

4.2.1 Das exponentielle Wachstum

Seit der Einführung der Exponentialfunktionen wissen Schüler, dass man mit diesem Funktionstyp einen Wachstumsvorgang beschreiben kann. Doch wie ist man zu

---

[17] Nicht ganz korrekt. Es ist keine Funktion, da sie nicht eindeutig ist.

[18] Grafik erstellt mit GeoGebra

dieser Annahme überhaupt gekommen? Eine mögliche Vorgehensweise wird am vereinfachten Beispiel einer Bakterienpopulation gezeigt.[19]

Es gelten folgende Annahmen: Eine Bakterienpopulation habe zum Zeitpunkt t die Populationsgröße $P(t)$. Die Population vermehrt sich innerhalb einer gewissen Zeitspanne mit $\Delta P := P(t + \Delta t) - P(t)$. Zusätzlich ist es sinnvoll anzunehmen, dass für kleine Zeitspannen die Vermehrung ΔP jeweils proportional zu $P(t)$ und Δt zunimmt. Man wählt kleine Zeitspannen, weil bei großen Zeitspannen das Ergebnis unrealistisch werden würde, da außer Acht gelassen würde, dass sich neubildende Bakterien während Δt selbst vermehren könnten.

Die Proportionalitätsgleichung mit der Proportionalitätskonstanten α lautet dann:

$\Delta P = \alpha \cdot P(t) \cdot \Delta t$

Teilt man diese Gleichung durch Δt und lässt $\Delta t \to 0$ streben, erhält man die Differentialgleichung $\dfrac{dP}{dt} = \dot{P} = \alpha \cdot P$, mit $P(t) = C \cdot e^{\alpha \cdot t}$ als allgemeine Lösung[20]. Wird aus praktischen Gründen für den Zeitpunkt $t_0 = 0$ die Anfangspopulationsgröße $P(t_0) = P_0$ gewählt, lautet die Lösung dieses Anfangwertproblems $P(t) = P_0 \cdot e^{\alpha \cdot t}$.

Die Proportionalitätskonstante lässt sich berechnen, sobald man den Anfangszustand $P_0 := P(0)$ mit einem anderen, zum Beispiel experimentell gewonnenen Wert $P_1 := P(t_1)$ vergleicht:

$$P_1 = P_0 \cdot e^{\alpha \cdot t_1} \Rightarrow {P_1}\big/{P_0} = e^{\alpha \cdot t_1} \Rightarrow \ln(\frac{P_1}{P_0}) = \alpha \cdot t_1 \Rightarrow \alpha = \frac{1}{t_1} \cdot \ln(\frac{P_1}{P_0})$$

Diese Art von Wachstum nennt man exponentielles Wachstum. Dabei gilt die Vorraussetzung, dass eine Population nur durch ihre eigenen Wachstumskräfte wachsen kann. Äußere Einflüsse, wie Platzknappheit oder Nahrungsknappheit werden nicht mit einbezogen. Natürlich kann dieses Gesetz auch bei anderen Populationen oder Wachstumsvorgängen, die dieser Bedingung unterliegen, angewendet werden.

4.2.2 Das logistische Wachstum[21]

Betrachtet man die Lösung $P(t) = P_0 \cdot e^{\alpha \cdot t}$ für das exponentielle Wachstum, fällt auf,

---

[19] Vgl. H. Heuser, gewöhnliche Differentialgleichungen, S.18ff

[20] Herauszufinden mittels Separation der Variablen

[21] Vgl. Harro Heuser, gewöhnliche Differentialgleichungen S.22 ff

dass eine Population schnell über alle Grenzen hinaus wachsen würde. Da ab einer gewissen Größe entwicklungshemmende Faktoren, wie dem in 4.2.1 angesprochenen Platz- oder Nahrungsmangel, auftreten, ist dieses Modell jedoch nicht realistisch. Das mathematische Modell muss daher *revidiert* werden.

Dies lässt sich am einfachsten durchführen, indem man die aus 4.2.1 bekannte Wachstumskonstante α ersetzt durch eine Geburtenrate γ und eine Todesrate τ,

also $\alpha = \gamma - \tau$. Dies ergäbe die Differentialgleichung $\dfrac{dP}{dt} = \dot{P} = \alpha \cdot P = \gamma \cdot P - \tau \cdot P$,

wenn nicht der Mathematiker Pierre-François Verhulst 1838 vorgeschlagen hätte, das "Todesglied" $\tau \cdot P$ mit $\tau \cdot P^2$ zu ersetzen. Verhulst erachtete diese Quadratisierung als notwendig, da sonst große Populationen zu wenig durch die Todesrate gehemmt werden würden.

Somit ergibt sich die Bernoulli Differentialgleichung $\dfrac{dP}{dt} = \dot{P} = \gamma \cdot P - \tau \cdot P^2$

Über die Substitution von $z = P^{1-2} = P^{-1}$ erhält man die inhomogene Differential-

gleichung $z' = -\gamma \cdot z + \tau$, die zur allgemeinen Lösung $z(x) = C \cdot e^{-\gamma t} + \dfrac{\tau}{\gamma}$ führt. Die

Resubstitution ergibt die Lösung der Bernoulli-Differentialgleichung:

$$z = P^{-1} \Rightarrow P = z^{-1} = \frac{1}{z} = \frac{1}{P_0 \cdot e^{-\gamma t} + \dfrac{\tau}{\gamma}} \quad P(t) = \frac{1}{P_0 \cdot e^{-\gamma t} + \dfrac{\tau}{\gamma}} \ (\text{mit } C = P_0)$$

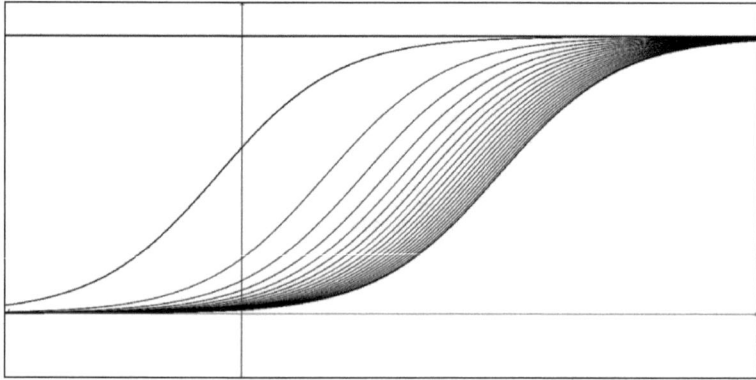

Stellt man diese Funktionenschar grafisch[22] dar, erkennt man schnell, dass keine Population über einen bestimmen Grenzwert wachsen wird. Diese Trägerkapazität,

---

[22] Grafik selbstständig erstellt mit GeoGebra

unter anderem bedingt durch mangelnde Ressourcen, lässt sich mit $K = \dfrac{\gamma}{\tau}$ berechnen.

4.3 Aufladung und Entladung eines Kondensators[23]

Die im Folgenden besprochene Anwendung hat sowohl in der Physik als auch im Ingenieurswesen praktische Bedeutung. Die Differentialgleichung für die Auf- und Entladung eines Kondensators ergibt sich durch physikalische Gesetzmäßigkeiten von selbst. Ähnlich läuft es auch bei vielen anderen physikalischen Vorgängen ab. So muss man meist nicht nach einer Differentialgleichung suchen, sondern man wird im Laufe seiner Forschungen gewollt oder ungewollt auf sie stoßen.

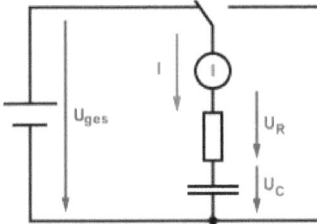
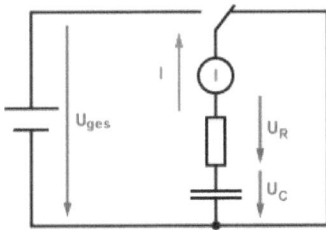

Schaltbild eines Kondensators beim Einschalt-
vorgang[24]

Schaltbild eines Kondensators beim Ausschalt-
vorgang

Nach dem 2. Kirchhoffschen Gesetz[25] gilt für einen geschlossenen Stromkreis

$U_{ges}(t) + U_R(t) + U_C(t) = 0$.

Für die Spannung am Widerstand gilt $U_R = R \cdot I$ und für die Spannung am Kondensator gilt $U_C = \dfrac{Q}{C}$. Setzt man diese Spannungen in die Gleichung ein, ergibt sich:

$$0 = U_{ges}(t) + R \cdot I(t) + \frac{Q(t)}{C}$$

Da die gesamte Spannung sowohl beim Auflade- als auch beim Entladevorgang konstant ist, fällt bei Differentiation gegen die Zeit U_{ges} weg: $0 = R \cdot \dot{I}(t) + \dfrac{\dot{Q}(t)}{C}$

[23] Vgl. Harro Heuser, gewöhnliche Differentialgleichungen, S.79 ff

[24] Bilder zum Kondensator entnommen von
http://www.elektronik-kompendium.de/sites/grd/0205301.htm (5.12.2010)

[25] Vgl. Metzler Physik, 5.4.1 Die Kirchhoff'schen Gesetze

Dividiert man diese Gleichung durch R und ersetzt $\dot{Q}(t) = I(t)$ [26] erhält man die homogene Differentialgleichung: $\dot{I} = \dfrac{dI}{dt} = \dfrac{-I}{R \cdot C}$, deren Lösung sich über Separation der Variablen leicht berechnen lässt:

$$\frac{dI}{dt} = \frac{-I}{R \cdot C} \Rightarrow \frac{dI}{I} = \frac{-1}{R \cdot C} \cdot dt \Rightarrow \int \frac{1}{I} dI = \int \frac{-1}{R \cdot C} \cdot dt \Rightarrow \ln(I) = \frac{-t}{R \cdot C} + I_0 \Rightarrow$$

$I(t) = e^{\frac{-t}{R \cdot C} + I_0} = I_0 \cdot e^{\frac{-1}{R \cdot C} t}$ (I_0 entspricht hier der additiven Konstanten und hat den Wert der Stromstärke zum Zeitpunkt $t = 0$).

Durch die Maschenregel ergibt sich für den Spannungsverlauf am Kondensator:

$$U_c(t) = U_{Ges} - U_R = U_{Ges}(t) - R \cdot I_0 \cdot e^{\frac{-1}{R \cdot C} \cdot t} = U_{Ges}(t) - U_0 \cdot e^{\frac{-1}{R \cdot C} \cdot t}$$

Durch physikalische Überlegungen, die hier nicht genauer diskutiert werden müssen, können die Gesamtspannungen exakt beschrieben werden. So stellt sich heraus, dass U_{ges} einen konstanten Wert annimmt. Für den Aufladevorgang gilt $U_{ges} = U_0$, währenddessen beim Entladevorgang die Gesamtspannung den Wert $U_{ges} = 0$ hat.

Qualitativ nehmen Kondensatorspannung und Lade- und Entladestrom folgenden Verlauf an:

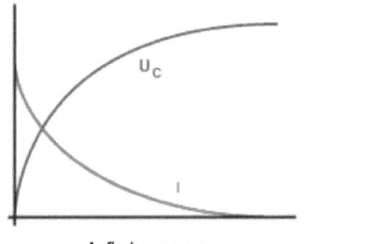

Aufladevorgang   Entladevorgang

(Die Graphen für den Stromverlauf lassen sich auch mit dem beiliegenden Differentialgleichungsplotter erzeugen)

---

[26] $\dot{Q}(t) = I(t)$ ist eine Definition der Stromstärke

5. Schlussbemerkung

Ob in der Physik, im Ingenieurswesen oder gar in der Wirtschaft, Differentialglei-chungen haben das wissenschaftliche Arbeiten grundlegend verändert. 1933 erhielt Erwin Schrödinger unter anderem für die nach ihm benannte Differentialgleichung den Nobelpreis für Physik. Diese äußerst komplexe partielle Differentialgleichung beschreibt - einfach gesagt - die Ausbreitung von Teilchen im Raum und bildet da-mit das Fundament aller praktischen Anwendungen der Quantenmechanik. Durch sie konnten wichtige Aussagen über Eigenschaften und dem Bau von Atomen be-stätigt und erneuert werden. So führte die Schrödingergleichung zu einer Vorstel-lung für die Auftreffwahrscheinlichkeiten der Elektronen, die zum Leidwesen vieler Chemieschüler, als Orbitalmodell bekannt ist. Ob Differentialgleichungen für die Wissenschaft unentbehrlich geworden sind, ist eine andere Frage.

Eines steht jedoch fest: Eine Hilfestellung sind sie allemal.

6. Literatur- und Quellenverzeichnis

Heuser, Harro: Gewöhnliche Differentialgleichungen, Einführung in Lehre und Gebrauch, B.G. Stuttgart, [3]1995

Timmann, Steffen: Repetitorium der Gewöhnlichen Differentialgleichungen, Hannover, Binomi, 1995

Günzel, Heidrun: Gewöhnliche Differentialgleichungen, Oldenbourg Wissenschaftsverlag GmbH, München, 2008

Joachim Grehn, Joachim Krause: Metzler Physik, Braunschweig, [4]2007